EL PRINCIPIO DE LOS

lobos BEBÉS

MEG GREVE

CREATIVE EDUCATION • CREATIVE PAPERBACKS

CONT

ENIDO

SOY UN CACHORRO DE LOBO.

Soy un lobo bebé.

¡Mi nariz es increíble! Puedo oler desde muy lejos.

Nací en una madriguera acogedora.

Pesé alrededor de una libra (0.5 kg). No podía ver ni escuchar. Me acurrucaba con mi mamá para mantenerme caliente.

Yo tengo tres semanas de vida.
Salgo de la madriguera para explorar.

Me encanta pelear y jugar.

Yo **vivo con una** manada de lobos. Somos una familia.

Aprendo a cazar a los seis meses. La manada caza junta.

¡Después de dos años, formaré mi propia familia!

HABLA Y ESCUCHA

UUU!

¿Puedes hablar como un cachorro?

Los lobos bebés aúllan y ladran.

Escucha estos sonidos:

https://www.youtube.com/watch?v=7a5_U7CtaOA

¡Ahora es tu turno!

PALABRAS RELACIONADAS CON LOS CACHORROS DE LOBO

cazar: buscar y matar animales para comer

madriguera: hogar de los cachorros en un lugar seguro, como una cueva o un tronco hueco

manada: un grupo de lobos compuesto por una madre, un padre y sus cachorros

pelear: fingir una pelea

ÍNDICE ALFABÉTICO

PUBLICADO POR CREATIVE EDUCATION Y CREATIVE PAPERBACKS
P.O. Box 227, Mankato, Minnesota 56002
Creative Education y Creative Paperbacks son sellos editoriales de The Creative Company
www.thecreativecompany.us

LIBRARY OF CONGRESS CATALOGING-IN-PUBLICATION DATA
Names: Greve, Meg, author.
Title: Lobos bebés / Meg Greve.
Other titles: Baby wolves. Spanish
Description: Mankato, Minnesota : Creative Education and Creative Paperbacks, [2025] | Series: El principio de los | Includes index. | Audience: Ages 4-7 | Audience: Grades K-1 | Summary: "Introduce beginning readers to the howling world of baby wolves with this life science starter, in North American Spanish. Includes photos, a labeled animal diagram, "Make a Noise" section, and glossary"-- Provided by publisher.
Identifiers: LCCN 2024019459 (print) | LCCN 2024019460 (ebook) | ISBN 9798889894902 (library binding) | ISBN 9781682777114 (paperback) | ISBN 9798889895008 (ebook)
Subjects: LCSH: Wolves--Juvenile literature. | Wolves--Infancy--Juvenile literature.
Classification: LCC QL737.C22 G74818 2025 (print) | LCC QL737.C22 (ebook) | DDC 599.77/21392--dc23/eng/20240507

DISEÑO Y PRODUCCIÓN
Diseño por Rhea Magaro
Producción de Beeline Media and Design, Inc.
Dirección artística de Tom Morgan

FOTOGRAFÍAS de Alamy Stock Photo/Adam Jones / DanitaDelimont, 9, Don Johnston_MA, 12, Jason Hahn, 5; Getty Images/Andyworks, 10; Shutterstock/Andreas Rose, 6, Bohbeh, 13, Eric Isselee, cover, 2, 4, 11, Irantzu Arbaizagoitia, 7, O'sokin, 8, Ultrashock, 14

Impreso en China